El libro la piedra filosofal

Alquimia

STEVEN SCHOOL

ISBN:1540379396
ISBN-13:9781540379399

DESCARGO DE RESPONSABILIDAD

DEDICACIÓN

ESTE TRABAJO ESCRITO ES DEDICADO A LA NUEVA GENERACIÓN DE MENTES INQUISITIVAS Y ESTÁ INFLUENCIADA POR LA MANO DEL TIEMPO. ES UN TRACTO ALQUÍMICA SOBRE LA GRAN OBRA DEL SOL Y LUNA O LA SEPARACIÓN Y CONJUNCIÓN EN DEBIDA PROPORCIÓN COMO SE HACE CONFORME A NATURALEZA.

CONTENIDO

AGRADECIMIENTOS

Como el gran y venerable padre de las luces nos ha dicho en las tabletas Esmeraldas, tiene su nacimiento en la tierra, el viento (agua) lleva en su vientre, su fuerza es como adquirir en el fuego y de esto una cosa, vienen todas las cosas por adaptación.

Sal a la Cruz.S.A.S. 2016.

www.howtomakethephilosophersstone.com

1 INTRODUCCIÓN

En el mundo antiguo de la alquimia había dos clases de personas, quienes conocían los secretos del arte y los que no. Estas dos clases de personas fueron descritas en la Biblia como el ignorante y el sabio, y esto también fue simbolizado por el despertar de Adán y Eva cuando consume el fruto prohibido del árbol del conocimiento del bien y del mal. Se ha escrito que los pastores tienden a sus rebaños de ovejas, siendo quienes tienen prohibido participar de tal conocimiento secreto para mantener la separación de clases para si todos fueran iguales entonces no sería Reyes o reinas para gobernar el mundo inferior. A lo largo de la historia ha habido reuniones secretas de las sociedades secretas marcadas por el simbolismo que se encuentra en todas partes. Una taza de secreto, una bebida secreta, beber hermano y vivir era el lema de los iniciados. Jesús en la última cena, sosteniendo una taza de madera, el Santo Grial para todos a ver entendido sólo por los sabios. Los pocos elegidos o iluminados. La antigua ciencia cubre un gran muchos temas como medicina, Ciencias, metalurgia, matemáticas, astrología, Astronomía y más. Hermes Trimegisto fue llamado al padre de la ciencia y fue acreditado con ser una figura clave en el desarrollo posterior del arte hermético. Los antiguos egipcios utilizaron el ankh como su símbolo para la vida eterna porque creían que el hombre intentaba vivir para siempre en perfecto estado de salud sin la enfermedad o la muerte. Esta teoría está marcada por el árbol de la vida escrita de la Biblia. Hay algunos que creen que el poderoso roble puede vivir por miles de años y además que desde que Dios creó todas las cosas igual a crecer y a multiplicarse en igual clase, que así también sea con nosotros y con todas las otras cosas como los metales y las piedras. Eterna vida marcada por el árbol de la vida y simbolizado por un secreto jardín llamado Edén para el elegido algunos que encontraron el camino o era de otra manera inició, los iluminados que andan por la tierra como "Dioses" ellos mismos teniendo en cuenta que más allá de los mortales simplemente porque poseen conocimientos que ha sido retenido de otros durante miles de años. Jesús fue dicho para haber sido un carpintero, y la mayoría todo el mundo sabe que trabajan con madera. También se dijo que han recorrido la tierra sanando milagrosamente a los enfermos con una cantidad de polvo de color blanquecino. El proceso alquímico primitivo comenzó con una simple fórmula de fuego y agua para actuar sobre la materia. Esto también fue visto cuando diversas tribus indígenas construyeron canoas en la que se seleccione un árbol caído y usar fuego para ahuecar antes de enfriar con agua. Entonces raspar la parte carbonizada y repetir este trabajo hasta que la canoa fue formado y listo para usar. Hallaron mucho más fácil de cortar la madera con fuego que con las herramientas de un obrero común y esto es alquimia, la antigua fórmula de fuego y el agua. Estos son puntos interesantes a tener en cuenta a medida que avance en el resto de este libro.

Steven School. 2016.

2 MEDICINAS ANTIGUAS

El árbol de la vida.

Antiguos alquimistas creían que las enfermedades y las enfermedades del cuerpo eran sólo un efecto secundario o síntoma de un desequilibrio del ph de los individuos, mientras que cuestiones relativas a la mente fueron asociados con amoníaco en el cerebro o en el torrente sanguíneo. También creían en una medicina, una medicina universal que neutralizar ácido o incluso amoniaco y llevarnos a un equilibrio del ph alcalino para que el cuerpo podría curarse o repararse a sí mismo mediante la generación de nuevas células. Esta "medicina" fue dicha para causar un fortalecimiento de las extremidades (huesos) y también fue dicha para ser conocido por el hecho de que hace que las plantas florezcan. Ellos creían que tal vez nosotros nunca estábamos destinados a marchitarse y morir sino para seguir creciendo como el poderoso roble árbol, aquí en el jardín que fue construido para nosotros. Con los años he escuchado cuentos de cerca experiencias de muerte que incluía luces blancas brillantes e historias de gloria y esplendor. Tengo una noticia, cuando era un niño de unos cinco o seis años a que mi abuela me llevó en un viaje por carretera a Tehachapi porque ella no quería mirar la tierra para la venta con la esperanza de construir su casa de ensueño para su retiro. Para hacer un cuento largo corto llego al grano del asunto. Como se reunió con el personal de ventas me quedé en el patio que tenía uno de esos altos toboganes metal típicos de la primera media década de los setenta. Un chico mayor me llamó fuera de la diapositiva y aterricé sobre mi espalda en la arena, golpeó la parte posterior de mi cabeza en el pie de página concreto para uno de los perfiles verticales. El mundo comenzó a girar y luego todo se desvaneció a negro. Me desperté tres días más tarde en el hospital y mi abuela estaba sentada junto a mi cama. Ella dijo que había recibido una conmoción cerebral de golpear mi cabeza en el hormigón, pero cuando aterricé sobre mi espalda mi corazón había parado. Ella me dijo que cuando que los paramédicos llegaron mi corazón no latía, no tenía pulso, también no estaba respirando. Estaba completamente insensible y le informó que estaba muerto. Mi abuela era histérica, todo lo que pudieron intentaron y lograron hacer el bien parece porque despertar de tres días más tarde. Pasaron muchos años y he pensado volver a ese tiempo, recordando lo que había ocurrido. Incluso empecé a describir los eventos a los demás cada vez que oí hablar de las personas en la TV que describe la vida eterna o muerte experiencias cercanas y así sucesivamente. Según lo que pasé por mi entendimiento es que he estado al otro lado y regresar. Lo que vi fue nada, negrura, vacío, una ausencia total de existencia. Que el tiempo es ido, no había nada allí que me llevó a la realización si vamos a encontrar la vida eterna que nos está prometida en la Biblia que debe venir antes de la muerte y no después de que la muerte es lo contrario de la vida. Todo lo que tenemos en la muerte, es exactamente lo contrario de lo que teníamos en vida, yin y yang, blanco y negro, luz y oscuridad. El eterno sueño de la muerte, o el don de la eternidad vida. Alquimistas tenían un interés en el roble poderoso oro. Por su fortaleza, su longevidad y su crecimiento continuo. El árbol de roble dorado, el oro soma.

Una mañana despertó y preparado para ir al trabajo, noté algo diferente en este día, mis rodillas lastimar y se sentían como hueso contra hueso. Las juntas no quieren trabajar correctamente y pude oír clic ruidos cuando intenté conseguir arriba o abajo que también era bastante difícil. Esto había venido en rápidamente y fue inesperado. Comenzaron a preocuparse, ¿ser lisiado? ¿Sería capaz de funcionar y a cuidar de mí mismo? Esto me impulsó a investigar el asunto en línea y lo primero que me encontré durante una búsqueda en internet que me llamó la atención es que las articulaciones dolorosas y especialmente de las rodillas es un signo de un mal funcionamiento del hígado. Sabía que cuando yo nací mi cuerpo creado lo que necesita, huesos, cartílagos, órganos vitales, masa cerebral, etc.. Rápidamente me di cuenta de que cuando mi hígado no funcionaba bien, dejado de capacidad de mi cuerpo a regenerarse y repararse a sí mismo como naturaleza había previsto. Mi investigación indica que el hígado supuestamente podría regenerar nuevas células para repararse a sí mismo en un período de tres meses. Me pongo a las bebidas alcohólicas, bebí agua con limón en rodajas. Fui a dos diferentes tiendas de vitamina para conseguir suplementos, así como ordenar algunos en línea que no llevan. Empecé con pastillas de cardo de leche que se supusieron que es bueno para mi hígado, también elegí las píldoras de cartílago de tiburón cápsulas de aceite de pescado y té de equinácea. Empecé a montar en mi bicicleta otra vez así. Primero una vuelta alrededor de la manzana, luego dos, luego tres... Mis rodillas sientan muy bien ahora. He oído hablar de otros que eligieron la cirugía en lugar de otro que puede dejan tejido cicatricial. Pongo mi fe en la madre naturaleza primero y ella no me dejaba. La moraleja de la historia es esta, la hipótesis de que se significa mi cuerpo a curarse a sí mismo! Mis rodillas artríticas fueron sólo un efecto secundario de un problema subyacente. Casi me olvidé de mencionar a uno de los complementos que he comprado y es una de mi calcio máximo favoritos, coral que se rumorea para ayudar a oxigenar el cuerpo además de ser una gran fuente de calcio en mi opinión. Oxígeno... la respiración de Dios! Cuando considero los relatos bíblicos de personas supuestamente vida por 1 mil años o más que contemplar el hecho de que el aire y la calidad del agua deben haber sido mucho mejores en su tiempo. No miles de automóviles atascados en el tráfico de hora punta quema mi suministro de oxígeno precioso, no flúor y control de la natalidad se bombea literalmente a mis llaves.   Y luego está las escrituras bíblicas que instruyen no para comer pan con levadura, levadura significa levadura que es un organismo vivo que se alimenta de azúcar para crear alcohol. Creo que la Biblia es correcta no sobre Este deseo en nuestro cuerpo. ¿También dice no comer cerdo con pezuñas hendida, microorganismos?, parásitos?, gusanos? También me gustaría mencionar algo que he descubierto recientemente, patatas y tomates están un miembro de la familia de nightshade de plantas. Nightshade es venenoso. Las papas y los tomates sin embargo son sólo muy ligeramente tóxicos pero debido a esto muchos curanderos naturales aconsejan no para comerlos, no más papas fritas con salsa de tomate, puré de papas, ensalada de papa, etc.. Desarrollo de venas varicosas prematuramente en parte de la vida de esto estoy seguro está por recibir una quemadura de tercer grado, pero no todos. He sido un ávido bebedor de café para muchos, muchos años. Puedo beberla por la mañana, mediodía, tarde o noche incluso. Un pote de café es suficiente para mí en la hora del desayuno. Decidí dejar de beberlo pero después de seis horas mi mente y mi cuerpo dijo a amigo, el infierno no! Sentí como si mi cerebro se había contraído, al parecer ahora es una esponja de cafeína. Después de todo de estos muchos años de encima complaciendo resulta un hábito difícil de romper. Mi investigación indica que los vasos sanguíneos no son resistentes, no creo que tengan ninguna elasticidad a ellos que si se estiran hacia fuera, no vuelven a su tamaño o forma original. Café contiene cafeína que es la sangre de bombeo buddy a toda velocidad, pero ¿qué ocurre cuando el efecto desaparece? Quedan mis vasos sanguíneos sueltas y estiradas hacia fuera?, yo creo que sí. ¿Si esta hipótesis es correcta entonces no adverso afectaría mi sistema cardiovascular? Por lo menos la cafeína está bombeando mis suplementos de calcio de coral a lo largo de mi cuerpo. Es que estoy actualmente solo comer sobre todo microondas cosas congeladas envasadas. Esto ha llegado a mi atención porque sigo recibiendo pequeños crecimientos en la parte posterior de mi cabeza. El cáncer viene a la mente y por alguna razón que mi instinto me dice que considere el microondas. Ahora, debemos volver a medicina antigua. Por lo que los alquimistas desde hace mucho tiempo se dijeron que han creído en una medicina universal, un elixir de oro, un oro soma. El bíblico árbol de la vida viene a mi mente aquí, ¿Dónde está esta cosa?, ¿qué es esto? Que comienzan con la primera palabra de su descripción, árbol. ¿Como una bofetada en la cara puede ser tan simple? Los antiguos sabios escribieron acerca de su golden bough o su rama de oro, así como un soma dorado o un elixir de oro. En sus adivinanzas amaban a bailar alrededor y sugerencia en el árbol de roble. Uno en particular, en mi opinión, el árbol de roble de oro. Recogió las cenizas de mi chimenea, (cenizas de roble), había molido al polvo y al horno utilizando una cazuela en mi horno. Mi intención era purificar las cenizas en calor, quemando impurezas combustibles. Coloqué la materia enfriada en mi cafetera con unos filtros apilados para arriba y había preparado como café. El agua que llena la olla era de un color dorado, evaporado algo de él a sequedad y se quedó con un polvo blanco. Es la sal alcalina de la potasa un tema interesante cuando ahondamos en las escrituras que ponen adelante en esta sección. Los antiguos alquimistas advirtieron que mucho consumo (excesivo) de su secreto "elixir" fuego el cuerpo y el espíritu de escape. Mi hipótesis personal es que demasiado potasio probablemente podría causar un ataque al corazón. Me di cuenta de que cuando que esparcir las cenizas en mi jardín, parece ser el mejor abono que he visto, hace que la vegetación en mi patio a florecer, exuberante y verde. Yo Espolvoree alrededor de cenizas de madera y esperar que la madre naturaleza traer la lluvia. Agua de lluvia y cenizas provocando mis plantas florezcan. 2 mil años en el siglo i Plinio el viejo escribió Historia Naturalis que creo significa historia natural. 2 mil años nos lleva a las profundidades de la alquimia. Lo que un gran lugar para cavar para penetraciones en la antigua ciencia! Los escritos por supuesto aparentemente nunca terminan pero rindió una joya. En aquellos tiempos, Plinio sugirió que podría dejar tu corazón ser tu botiquín. Un hogar es un hogar y lo que contienen sino cenizas de madera? Los arqueólogos han descubierto huesos viejos de Gladiador de la época romana. Mientras estudiaba los restos para determinar lo que puede haber sido su dieta, se determinó que habían bebido una bebida medicinal de cenizas de fogón mezclado con agua. Creo que esto también es alto en estroncio. Los informes indican que esta bebida ayudó a acelerar la recuperación de las heridas y sus huesos también fueron divulgados para haber sido más fuertes o más densos que los de la gente común de la época. Recuerdo que Jesús supuestamente caminó la tierra sanando a los enfermos, decía haber sido carpintero y que trabajan con madera. Algunas personas creen que él tenía una bolsa de polvo blanco que agrega al agua, (convertido el agua en vino). He escuchado algunas opiniones que el Santo Grial es el cáliz de Jesús, y supuestamente fue hecha de madera. Creo que en la imagen de la última cena él puede estar sosteniendo tal una taza para el mundo. Madera, fuego y agua, bebida, medicina, alquimia. ¿Tal vez un secreto sólo para aquellos que tienen ojos para ver? Echemos un vistazo a lo que Moisés tiene que decir, no supone que vivió durante unos años 986?

ÉXODO 32:20 VERSIÓN ESTÁNDAR INGLESA.

Tomó el becerro que habían hecho y quemado con fuego y molido a polvo y dispersado en el agua e hizo el pueblo de Israel beberlo.

Creo que hace mucho tiempo, en la olvidada era antes de que se inventaron los juegos de video, que algunas personas utilizan para tallar figuras de madera.

La sal del mundo?, la sal de la tierra?.

Matthew 5:13King James Version (KJV)

[13] ¿Vosotros sois la sal de la tierra: pero si la sal ha perdido su sabor, con qué será salada? de allí en adelante es bueno para nada, pero echados fuera y ser hollada por los hombres.

John 4:13-14King James Version (KJV)

[13] Respondió Jesús y le dijeron: cualquiera que bebiere de esta agua tendrá sed otra vez:

[14] Pero quien bebiere del agua que yo le daré no tendrá sed jamás; pero el agua que yo le daré será en él una fuente de agua brotando a la vida eterna.

Me gustaría ahora mencionar mi opinión sobre el árbol del conocimiento del bien y del mal. Ese árbol del que Adán y Eva se dice que han comido del fruto prohibido. Prohibido proscrito, prohibido, ilegal, perseguido, procesado, expulsado del jardín bebé, manos.

Genesis 2:16-17King James Version (KJV)

[16] Y mandó JEHOVÁ Dios al hombre, diciendo: de todo árbol del jardín podrás comer libremente:

[17] Pero del árbol del conocimiento del bien y del mal, no comerás de él: para el día en que comieres, ciertamente morirás.

Voy a compartir mi entendimiento de esta materia en términos sencillos, no el Cannabis es una planta, es un árbol. He visto los árboles grandes y altos y con corteza sobre ellos. ¿Qué planta crece dieciocho o más pies de altura con corteza gruesa en él? Un árbol. Los investigadores ahora están teorizando que el cannabis causa neurogénesis, que es la capacidad del cuerpo para reparar un cerebro dañado por el crecimiento de nuevas células. Me recuerda de mi hígado y mis rodillas que cubrimos anteriormente. Consumo de la "fruta prohibida" parece estimular el pensamiento profundo y profundo. Hay algunas personas por ahí que la hipótesis de que este material puede tener curación cualidades a cosas como el cáncer. También se ha rumoreado que esta sustancia podría tener la capacidad de reparar daño cerebral causado por el consumo excesivo de alcohol. Nos dejan progresar, a el siguiente tema que me gustaría cubrir.

A lo largo de la historia el vinagre se ha utilizado como un tónico medicinal a menudo impregnado de tales cosas como hierbas, especias, aceites esenciales, ajo, cebolla, cúrcuma o una amplia variedad de otras cosas. Se ha utilizado por vía tópica, así como internamente. Bebo un poco diluido en agua con hielo de vez en cuando, también a veces uso un poco de vinagre de manzana por vía tópica en mi psoriasis. Otro remedio casero que he probado es un poco de bicarbonato de sodio en un vaso de agua. Yo la hipótesis de que podría ser alcalinizantes o tal vez equilibrar el PH. Además supongo que puede neutralizar amoníaco en el torrente sanguíneo que por supuesto es sólo mi opinión o pensamientos y no constituye asesoramiento de ningún tipo.

Antiguo griegos practicantes de la medicina como Hipócrates (400 A.C.) se dice que se han mezclado vinagre de sidra de manzana con miel como un medicamento para una variedad de dolencias. Vinagre también supuestamente fue utilizado alrededor del año 218 A.C. a desmoronarse grandes rocas. Un incendio fue construido contra las rocas grandes que conseguir muy caliente y luego el vinagre fue vertido en causar las rocas de crack. Agua y fuego, alquimia en el trabajo, espero que llevaban sus gafas de seguridad. Creo que hemos cubierto a Cleopatra perlas en vinagre en la sección sobre piedras preciosas alquímico de disolución. Ha habido rumores de que el vinagre puede ser útil en la reducción o eliminación de microorganismos. Durante la época de Jesús vinagre también fue llamado el vino que se puede ver en la Biblia y esto es interesante porque puede ayudar a entender algunos versos de ese libro. Durante la época medieval vinagre fue infundido con ajo y consumido como una bebida medicinal para alejar la peste. En los tiempos modernos esto se llama supuestamente cuatro vinagre de ladrones. Vinagre se ha utilizado en el pasado como antiséptico para limpiar y desinfectar las heridas. Los alquimistas europeos de la edad media también se sabe que han utilizado vinagre en sus trabajos alquímicos en la piedra filosofal.

Como un árbol crece solubles minerales y nutrientes se llevan a en él por la acción del agua donde teóricamente se convierten encerraron dentro de la madera. Alquimistas creían que estos bloques de construcción de la naturaleza podría liberados y separados a través de la acción del fuego y el agua. De oscuridad viene blancura, la paloma blanca.

3 EL FUEGO SECRETO

En la investigación de la historia de la alquimia se tiende a venir a través de referencias a un agua secreto que se cree que es necesaria para realizar o llevar a cabo la gran obra de la opus magnum. Esta sustancia se rumoreaba que contienen lo que los alquimistas llaman el fuego secreto. En los escritos de Paracelso Theophrastus sugirió que esta agua era vendido por boticarios de su tiempo. John Pontanus escribió que él no había más de doscientos intentos en la creación de su piedra hasta que leyó las obras alquímicas escritas de Artephius que le atribuye para darle la correcta comprensión de la materia. ¿Qué es este agua aparentemente esquiva?

De los escritos de Artephius, VIVE de la PLATA. Alquimistas le encantaba comunicarse mediante simbología, códigos secretos y anagramas como vive argent. Simplemente reordenar las letras para revelar el secreto... VINEGARET. Vinagre en terminología moderna.

En Nicholas Flamels carta a su sobrino mencionó su Consejo sobre este tema, saber con qué agente su "mercurio" debe ser fortalecida con o será como agua común. El vinagre blanco es sobre todo agua con una pequeña cantidad de ácido acético. El ácido acético es el "fuego secreto" contenido en el agua que se requiere para llevar a cabo el alquimia magnum opus. En los tiempos modernos esto se llama simplemente el camino de acetato metal.

La llave secreta que abre los metales.

4 LA PIEDRA FILOSOFAL

El término piedra filosofal suena a mayoría de la gente como si deduce un secreto y místico piedra, mientras que aún otros todavía creen que quizás fue incluso mítico en la naturaleza. Iniciaremos esta sección con una iluminación de lo que fue la "piedra". Alquimia es un estudio y o la naturaleza. El método antiguo y simple de fuego y el agua actúan sobre la materia. Alquimistas conocían tres áreas básicas de trabajo, planta, animal y mineral reinos. Medicamentos para los mamíferos se dice que se encuentra en los dos primeros reinos mientras tinturas minerales como metales y piedras preciosas se creían que se encuentra en el último. El método de trabajo en el reino mineral ha sido llamado en tiempos de la ruta del acetato metal modernos. Los antiguos sabios con vinagre para producir acetatos metálicos tóxicos que fueron tratados posteriormente en lo que hipotéticamente fueron llamados piedras trabajaban en los minerales metálicos. Ya hay más de un mineral metálico que sería compatible con la ruta del acetato metal, hubo más de una piedra de filósofos. Había tantos diferentes piedras como tales minerales compatibles. Cada "piedra" tenía su propio espectro de color según el contenido mineral del mineral. Algunos minerales pueden ser más difícil de romper, por lo que podría haber sido más compatibles con el camino seco que comenzó con la asación. Creo que es importante tener en cuenta aquí a pesar de que esta sección no se trata de técnicas o métodos sin embargo asar los minerales producen lo que se llamó el venenoso aliento de dragón que mata o mata todo a su paso. No trate de alguna de estas cosas en casa, no respire cualquier humo, no consumir sustancias. Este libro está escrito sólo con fines de referencia histórica y no pretende constituir asesoramiento de ningún tipo. Así que teóricamente se habla podría ser como muchas piedras de diversos filósofos como los minerales metálicos compatibles con la ruta del acetato metal. Alquimistas inventaron colorantes para muchas cosas como el vidrio, telas, platos, platos, tazas, copas, tapices y según leyenda metales así como piedras preciosas. Cada piedra tenía su propio espectro de colores, como hemos mencionado anteriormente. Un ejemplo de esto sería rojo de hierro (Marte), mientras que hierro y sulfuro (pirita de hierro) se asocia con el color de oro. Según la creencia alquimista el alquimista asistida por naturaleza en la creación de sus piedras, el material trabajado sobre fueron elegido por el espectro de color según la intención de cada artista individual. (Lo que pretende utilizar su piedra para). Y la idea básica era que estas previeron color piedras preciosas alquímico como transmutación (fusión) de los metales. Hay algunos que creen que cuando la naturaleza crea piedras preciosas dentro de la corteza terrestre el color viene desglosado ni descompone los minerales metálicos. Esto es interesante porque crean que muchos mineros de oro de roca dura que el oro se encuentra a menudo en las venas de la Limonita en cristales de pirita de hierro han descompuesto. Entonces tal vez los practicantes de la antigua ciencia pretenden seguir la obra de la naturaleza en crear y colorear metales y gemas. Otra creencia era que todas las cosas descienden o evolucionan hacia el oro y esto es interesante cuando veo pyritized fósiles. Soles de pirita, (el sol alquímico suena familiar aquí) Pirita caracoles, huevos de pirita, etc. descompuesto cristales de pirita en las venas de la Limonita, oro.

Algunas personas como pensar en la piedra como un cristal de sal y comparar el trabajo al cultivo de cristal básico.

Esto parece simplificar el asunto.

5 EL CAMINO MOJADO GUALDUS

Trituración-molido en un polvo fino, tan fino como los pintores moler los colores. Crédito - Teofrasto Paracelso.

El microcosmos hermético del alquimista. En terminología moderna, esto podría llamarse un ecosistema. El asunto fue molido a polvo y colocado en la retorta (una parte). El vinagre fue agregado (dos partes). Alquimistas le gustaba comienzan la gran obra en la primavera y el progreso a través de los meses de verano según la naturaleza de modo que no era necesario ningún calor externo. Temperatura ambiente o luz solar durante una destilación solar. Como Flamel, dijo, la calidez de un pollo de eclosión. En invierno que algunos alquimistas enterraron su nave bajo su casa en la tierra cuando se utiliza el método de un recipiente, otros utilizan estiércol de caballo fresco, cenizas calientes, incluso lejía para mantener el vidrio caliente o cerca de la temperatura corporal. El trabajo procedió lentamente y, por supuesto, disolución, extracción, sublimando, circulando, que exalta, destilación. El agente y el paciente, el volátil y fijo.

El vinagre disuelve la materia en la retorta comenzó a liberar el ácido sulfúrico que ocurre naturalmente en la pirita de hierro. Este líquido claro se llamaba la sangre del León verde (sulfuro de hierro) y se destila suavemente las riendas con el vinagre blanco de la mano de la naturaleza, alquimistas advirtieron que el practicante sólo establece las condiciones adecuadas, la naturaleza hace el trabajo, sin la imposición de manos. En la retorta se produjeron los cambios de color mientras que progresó el trabajo. Negro, blanco, amarillo, la cola de los pavos reales y rojo.

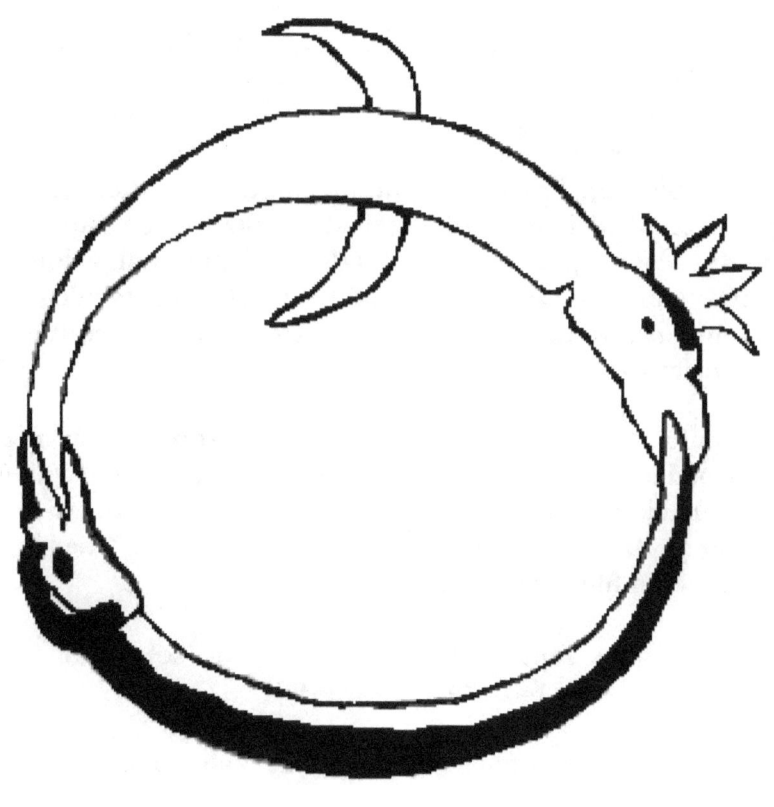

Qué significa el Ourobos, la pirita de hierro fija en el vaso de abajo, el vinagre volátil que la materia y se dirige las riendas de la retorta, es en un círculo porque volverá una y otra vez. Cuando aparezca la tierra seca, (la pirita es seco) se vierte el vinagre en el recipiente a la pirita de hierro. Cada vez que este sucedió una completa vuelta de la rueda alquímica. Con cada repetición el vinagre toma más ácido sulfúrico de la materia se disuelve, esta multiplicación o exaltación (circulación) fue continuado hasta que todo el "oro" (ácido sulfúrico) pasó el timón. "mercurio" de siete águilas dijo a la luna (produce la piedra blanca), "mercurio" de diez águilas se dice que tienen poder para calcinar el sol, (acabado exaltadora de la pirita en la piedra filosofal). Entonces cuando el vinagre había tomado el ácido sulfúrico sobre el timón en el receptáculo de los alquimistas antiguos llamado "nuestro vinagre más fuerte", o "bien actuada mercurio".

Activado = activado. El líquido se convirtió en más fuerte o más poderoso con cada giro de la rueda alquímica. "Quema" o "calcinación" la materia por el "agua" no fuego. Por lo tanto el término alquimistas queman con agua no fuego. Una calcinación filosófica en la "ruta mojada".

Este Ourobos representa la gran obra de sol y Luna, rey y Reina, el volátil y fijo.

Cada circulación supuestamente había exaltado la cuestión.

6 EL MÉTODO DE SENDIVOGIUS

Un recipiente. Camino húmedo.

El asunto fue molido a polvo y coloca en el recipiente. Se añade el vinagre y la parte superior cubierto con una cubierta respirable de polvo dejó evaporación ocurre manteniendo insectos o polvo hacia fuera. el vinagre disuelve, extrae y sublimes de la materia. En este tipo de sublimación alquímica la materia disuelta se eleva en el líquido y se adhiere a las paredes del vidrio en la parte superior mientras que las impurezas caen al fondo de la jarra. En sequedad la pirita de hierro estaba mojada otra vez con vinagre dulce y este proceso repetidas once veces. La materia primera de los metales (sublimado mercurial Flamels o la piedra blanca) hipotéticamente pegado al cristal en primer lugar, en el último imbibitions que la sal fija (semilla alquímica de oro) finalmente quedó en libertad el mineral quebrado hacia abajo. Las dos se mezclaron en el agua durante las imbibitions finales dejando "piedra" del filósofo pegado a la parte superior de la jarra donde podría se raspa apagado después de ser permitido para secarse. Allí se decía que era un paso después sublimado mercurial o "leche de vírgenes" se recogió y fue llamado inceration que era para "arreglar" el asunto y rendir fusible como la cera para que soportaría el fuego, y esto se hizo en calor. Ahora entendamos esto en palabras de Sendivogius de la nueva luz química.

La materia primera de los metales es doble, y uno sin el otro no puede crear un metal. La sustancia primera y principal es la humedad del aire que se mezclaba con el calor. Esta sustancia los sabios han llamado mercurio, y en el mar filosófico se rige por los rayos del sol y la luna. La segunda sustancia es el calor seco de la tierra, que se llama azufre.

Su apariencia es la de agua a todas las cosas puras e impuras; sin embargo, en algunos lugares se encuentra más abundantemente que en otros porque la tierra es más abierto y poroso en uno lugar que en otro y tiene una mayor fuerza magnética. Cuando llega a ser manifiesto, es vestida en una cierta ropa echaron, sobre todo en lugares donde no tiene que aferrarse a. Es conocida por el hecho de que se compone de tres principios; pero, como una sustancia metálica es sólo una sin ningún signo visible de la conjunción, excepto lo que puede llamarse su ropa echaron o sombra, de azufre.

Los metales se producen de esta manera: después de los cuatro elementos han proyectado su poder y virtudes para el centro de la tierra, son, en manos del archeus (agua) de la naturaleza entonces destilado y sublimada por el calor del movimiento perpetuo hacia la superficie de la tierra. Se generan por la tierra es porosa, y el aire por la destilación a través de los poros de la tierra se resuelve en un agua que todas las cosas. (archeus es vinagre).

El artista sólo separa lo que es sutil de sus elementos más burdos y pone en el recipiente adecuado. Naturaleza hace el resto. De uno surgen dos, y cada dos se presentan uno.

INCERATION.

La "leche de las vírgenes" que se expresa de la mejor parte de la piedra entonces se conserva cuidadosamente en una recipiente de destilación de vidrio de forma ovalada y es día a día cambió maravillosamente por el fuego de aceleración.

Crédito, Michael Sendivogius.

Esto concluye el camino mojado Sendivogius.

7 EL CAMINO SECO DE FLAMEL

En el camino mojado de la alquimia que ya hemos examinado el alquimista había cocinado primero su "fuego" en el "agua" y luego más tarde asado la materia que se llamaba inceration. El seco sendero de la alquimia es el mismo, sin embargo los pasos simplemente se revirtieron y también se decía que era mucho más rápido. El camino seco fue creído para ser más peligroso ya que el alquimista asar sus minerales, mientras que el método húmedo ya supuestamente produce un mejor producto final. Durante la calcinación del mineral los cambios de color se produjo mostrando todos los colores de los pavos reales, incluyendo lo que se llamó la cola bañada en la gloria púrpura y el fuego continuó hasta el final rojo fijo de "azufre incombustible". El fuego analizó el asunto y había quemada, las impurezas combustibles. Esto resultó en el león rojo que luego fue procesado más lejos colocando en la réplica al igual que el método Gualdus y luego proceder a las imbibitions con el vinagre. El alquimista antiguo de procedió con las multiplicaciones o las circulaciones hasta la exaltación de la materia completa.

Theophrastus Paracelsus había preferido el alambique para el opus magnum alquímico (métodos húmedos o secos). Así que para simplificar esto, el camino seco era el mismo que el camino húmedo excepto el asunto fue bien asado primero. Durante las circulaciones, los cambios de color fueron vistos otra vez. Flamel escribió sobre el día que él finalmente alcanzó la maestría, era conocido por un cierto olor que llena toda la casa que era similar a la de madreselva en primavera.

"Unir al hombre rojo, a la mujer blanca".

Nicholas Flamel se creía haber descubierto los secretos de la alquimia después de toda una vida de diligente estudio, también se ha dicho que incluso con el conocimiento secreto seguía siendo un vendedor de libro humilde y era conocido por donantes grandes sumas a las Caridades incluyendo iglesias, hospitales y viviendas para los sin techo. Su tumba estaba **se rumorea que se han encontrado vacío.**

8 TRANSMUTACIÓN METÁLICA

Transmutación metálica de metales ha sido contemplado por los investigadores durante siglos. Algunos han reflexionado sobre fusión nuclear mientras que otros han considerado la fusión fría. Los científicos han presumido que el azufre elemental es el núcleo del átomo del oro, algunos han expresado su opinión de que cuando los metales se producen naturalmente en lava activo corrientes ocho veces más oro podría producirse si el azufre está presente en la ecuación. Los antiguos alquimistas experimentaron con la idea de separar los metales para extraer la sal y azufre principios usando "mercurio filosófico" (vinagre). Una teoría es que quizás estos principios de sal y azufre debían ser Unidos o fusionados para crear una piedra. Creo que la transmutación es terminología antigua y que en esta era moderna podríamos simplificar la cuestión llamando fusión. En la metalurgia primitiva potasa fue utilizada como un fundente para purificar metales, así como por fusión. Ceniza de madera fue calcinado y molido a polvo. Este material fue había mezclado con los minerales metálicos en crisoles y había fundido antes de ser vertido en moldes y dejar enfriar. La pieza resultante del metal entonces fue golpeada con el molde y la escoria picado. Este proceso se cree para purificar los metales separando las impurezas en la potasa que solidifican en la parte superior. Esta parece ser la base que conducen a la invención del acero (una forma exaltada de hierro). Una vez que el metal fue limpiado de sus impurezas estaba listo para la fusión que podrían añadirse más del flujo. Mi entendimiento es que el metal entonces se habría poner al fundido otra vez en un crisol con el fundente sobre un fuego de leña, luego la masa fundida se revolvió con una barra de hierro mientras que cae la "piedra" en la mezcla. La agitación continuó hasta que el efecto deseado se logra vierte en moldes y dejar enfriar generalmente en forma de barras. Pequeños guiones fueron rayados en la tierra para servir como moldes improvisados y la amalgama resultante fueron llamados bares de dedo. Se trataba de barras de metal pequeños como un dedo y por lo tanto el nombre.

El athanor es el horno de los alquimistas. Incluso las cenizas eran útiles para diversos propósitos como hemos visto en este libro.

9 PIEDRAS PRECIOSAS ALQUÍMICAS

En mis obras alquímicas o estudios comencé a experimentar en la calcinación de la madera de roble. Tengo un lugar de fuego ardiente madera que intento usar solamente madera para que mis cenizas están libres de contaminantes. El último incendio había sido cosa del pasado y recogió algunas de las cenizas de roble carbonizadas. He puesto este material en tarros de mason con tapas para mantener limpio para mis estudios. He comprado una nueva cazuela con tapa para unos quince dólares en mi tienda y luego algunas de las cenizas hasta un polvo fino de tierra en uno de mi mortero de vidrio y morteros. Coloqué este material en el plato y cocido en mi horno por un par de horas a alrededor de 300 o más grados. Apaga el horno y me fui a la cama. Un par de días más tarde preparaba para un par de horas, repite este procedimiento unas cuantas veces y aumenta el calor cada vez hasta que fui para hornear a la temperatura más alta que mi gas natural ardiente horno. Un par de horas, un par de horas allí, aumentando el calor. Un día quité la tapa refrigerada para ver lo que tenia, yo estaba esperando ver luz gris ceniza bien calcinado... Sin embargo cuando primero reuní mis cenizas algunos de ellos eran negros pedazos de madera carbonizada, que había molido a un polvo fino, ahora una vez más tuve algunos trozos de negro buscando material como había vuelto a la condición había sido en antes de fue molido a polvo... interesante. Hubo una diferencia sin embargo, estos trozos fueron en forma de cuadrados y rectángulos y me recordó a piedras de la gema de corte grande debido a los tamaños y formas sin embargo parecían grumos negro carbonizados. Decidí sería moler estas otra vez en mi mortero, eran muy y digo muy, difícil de romper. Temí que mi mortero y Maja romperían primero sin embargo finalmente logré romper una de las piezas que era mucho más difícil que la madera. Empecé a contemplar, madera, cenizas, carbonizado, carbón de leña, carbón, calor... y entonces amaneció en mí. Los antiguos alquimistas se rumorea tener la capacidad para crear piedras de gema grande de exquisita belleza. Y entonces en ese momento tenía perfecto sentido cómo habían hecho el descubrimiento, tan simple, por accidente realmente. En este estudio de la naturaleza los secretos parecen caer en la posesión del perseguidor diligente. Un simple descubrimiento. Los escritos de Teofrasto Paracelso ofrecen así una visión de los colores de piedras alquímicas. Bhasmas metálico, extrae de los minerales metálicos, sí las piedras de filósofos de las cavernas de los metales y exaltado por las manos de los hombres. Impregnando con color, fuego de hermosos tonos de azul, verde, azul, como el de oro impartida en una piedra claro recordando a mí de Topacio, el brillo del diamante, el hermoso rojo rubí con tintes de hierro (Flamels Dios de la guerra) y la pura elegancia de la esmeralda. Los ancestros también se creen que tienen la capacidad de disolver las perlas con la intención de utilizar la tintura resultante para crear más grande o más perlas. Aquí le damos un poco de la chuchería que encontré en mi investigación que encaja muy bien aquí. La reina de Egipto Cleopatra se dice que se han disuelto las perlas en vinagre antes de consumir una porción de la tintura resultante que ella cree que tiene cualidades medicinales o algún tipo de salud se benefician. Esto da una buena parte aquí de cómo los ancestros han comenzado un trabajo de creación de perlas alquímicas.

10 TEORÍA DE VIAJE EN EL TIEMPO

El tiempo se mide como la tierra gira sobre su eje. Una revolución básicamente equivale a 24 horas o un día. Mientras esto ocurre la tierra también gira alrededor del sol que es el centro de nuestro universo una hacia la izquierda. De esta manera tiempo avanza. En un año luz puede millas de viaje aproximadamente 6 trillones que equivale a un año luz. Tierra años y años luz se miden de forma diferente y también viajar en el espacio viajar en el tiempo. Puesto que la tierra gira contra las agujas del reloj, si un arte o "objetos" a la órbita de la tierra en la misma dirección mientras que viaja a la velocidad de la luz teóricamente sería viajar en el futuro. Si la embarcación debía invertir dirección esto sería considerado viajar al pasado. Otro punto interesante a considerar es que a veces aviones volar desde una zona horaria a otra, imaginan salir esta noche y al llegar el ayer por la mañana, ahora multipliquen por más de cien millones de veces al aumentar la velocidad.

Steven y Belle.

MATHEW 5:13

[13] ¿Vosotros sois la sal de la tierra: pero si la sal ha perdido su sabor, con qué será salada? de allí en adelante es bueno para nada, pero echados fuera y ser hollada por los hombres.

[14] Vosotros sois la luz del mundo. No se puede ocultar una ciudad que se encuentra en una colina.

[15] Los hombres Encienda una vela y ponerla debajo de un almud, sino sobre un candelabro; y da luz a todos los que están en la casa.

La tumba de Nicholas Flamel fue marcada con extraños símbolos alquímicos que la gente no podía entender, y estos incluyen un sol encima de una tecla, por encima de un libro. El sol representa el alquímico sol, un sol de pirita, cristales de pirita de hierro. El vinagre blanco clave representa y el libro, es el libro de Abraham Eleazer.

SOBRE EL AUTOR

ALGUNOS HAN PREGUNTADO, SI HAS DESCUBIERTO EL CONOCIMIENTO DE LA ALQUIMIA, ¿POR QUÉ SERÍA COMPARTIR CON EL MUNDO Y NO SÓLO LO CONSERVE PARA USTED?

PROVERBIOS 3:16
BIENAVENTURADO EL QUE ENCUENTRA SABIDURÍA;
PARA ELLA ES MÁS PRECIOSA QUE LAS PERLAS;
Y NADA DE LO QUE DESEAS SE COMPARA CON ELLA;
LONGITUD DE DÍAS ESTÁ EN SU MANO DERECHA;
Y EN SU MANO IZQUIERDA RIQUEZAS Y HONOR;
TODOS SUS CAMINOS SON AGRADABLES;
Y TODAS SUS VEREDAS SON PAZ.
HE AQUÍ, DIANNA DIO A CONOCER.
S.A.S. 2016.

www.howtomakethephilosophersstone.com

www.ingramcontent.com/pod-product-compliance
Lightning Source LLC
Chambersburg PA
CBHW021448170526
45164CB00001B/432